綠野蛛蹤

文‧攝影 楊維晟　圖 黃麗珍

目錄

1 「蛛」小志氣高

　　有一隻蜘蛛，名字叫做「小跳」，牠很會跳躍，也很愛跳躍，八隻腳簡直像裝了彈簧一樣，可以跳得好遠好遠。除了跳躍，小跳偶爾也會小跑步。牠雖然是隻蜘蛛，但是不結網，如果肚子餓了，小跳就會像森林中的老虎一樣「餓虎撲羊」，看準眼前的獵物，算好距離後一跳而上，倒楣的昆蟲就變成小跳的大餐了。

人類的蜘蛛專家看到小跳這類蜘蛛，認為牠們獵捕昆蟲的方式很像老虎，又擅長用跳躍捕捉蒼蠅等小昆蟲，就給牠們起了「蠅虎」或「跳蛛」的名字。

跳蛛是一群不結網的蜘蛛，牠們遊走在森林內每個角落，靠著八隻彈簧腿獵捕昆蟲過日子。

嗨，我是小跳。我們跳蛛除了有八隻彈簧腿，還有八顆眼睛能眼觀四方，中間兩顆眼睛更是特別大。旁邊這些都是我的跳蛛朋友。

6

1 白斑艾普蛛

2 毛垛兜跳蛛

3 藍翠蛛

7

體型雖小、志氣卻不小的小跳，一直非常自豪自己的跳躍能力。每次和跳蛛朋友比賽跳遠，總是小跳獲勝，牠自認是最厲害的蜘蛛。

有一天，小跳正在和朋友們爭論著誰是森林中的蜘蛛之王。

我昨天才捕到一隻比我大很多很多的蜘蛛，當然是我最厲害！

1 蠅虎

你ㄋㄧˇ是ㄕˋ趁ㄔㄣˋ牠ㄊㄚ在ㄗㄞˋ脫ㄊㄨㄛ皮ㄆㄧˊ時ㄕˊ偷ㄊㄡ襲ㄒㄧˊ的ㄉㄜ˙吧ㄅㄚ˙？那ㄋㄚˋ樣ㄧㄤˋ哪ㄋㄚˇ叫ㄐㄧㄠˋ厲ㄌㄧˋ害ㄏㄞˋ，最ㄗㄨㄟˋ厲ㄌㄧˋ害ㄏㄞˋ的ㄉㄜ˙還ㄏㄞˊ是ㄕˋ我ㄨㄛˇ這ㄓㄜˋ個ㄍㄜˋ彈ㄊㄢˊ簧ㄏㄨㄤˊ腿ㄊㄨㄟˇ！

大家你一言我一語的爭來爭去，一隻老跳蛛看不下去，牠說：「小跳啊，這片森林這麼大，你每一片葉子都走過了嗎？每一棵大樹都去過了嗎？如果只待在這個地方，怎麼知道自己是森林中最厲害的蜘蛛呢？」

「我聽說北方森林裡有一種鬼面蛛，各個都有一身捕捉昆蟲的好本領。牠們那張嚇人的臉孔，再加上神出鬼沒的行蹤，讓人聞風喪膽呢！」

「鬼面蛛？那是什麼傢

伙ㄏㄨㄛˇ？ 我ㄨㄛˇ才ㄘㄞˊ不ㄅㄨˋ怕ㄆㄚˋ！ 我ㄨㄛˇ倒ㄉㄠˋ是ㄕˋ想ㄒㄧㄤˇ見ㄐㄧㄢ
識ㄕˋ見ㄐㄧㄢˋ識ㄕˋ牠ㄊㄚ們ㄇㄣˊ有ㄧㄡˇ什ㄕˊ麼ㄇㄜ好ㄏㄠˇ本ㄅㄣˇ領ㄌㄧㄥˇ。」

老跳蛛的一番話，挑起了小跳心中的好奇心，這個鬼面蛛真有傳說中那麼陰森恐怖嗎？不過不管怎樣，聽來鬼面蛛並不好惹，小跳雖然心中有些害怕，但還是鼓起勇氣說：「我這就出發去找鬼面蛛，我就不信牠們有多屬害！」

就像成語「以管窺天」所說，透過管子看天空，你只看到了天空中的一朵雲，就以為那是整個天空，事實上，天空比你想像的大上許多。小跳不願意再當一隻井

底之「蛛」，牠下定決心，要去看看外面的世界。

2 告別跳蛛朋友

　　小跳有許多蜘蛛朋友，出發尋找鬼面蛛前，小跳要和這些朋友一一道別。小跳本身是隻藍翠蛛，而牠的朋友們則是各種不同種類的蜘蛛，有多彩鈕蛛、細齒方胸蛛，以及一隻不會跳躍的三角蟹蛛。另外還有一隻對牠很重要、總是無微不至的照顧牠，從小看著牠長大的艾普蛛阿姨，小跳真捨不得跟牠說再見。

1 細齒方胸蛛

2 多彩鈕蛛

3 三角蟹蛛

「艾普蛛阿姨，我在外頭一直找不到你，原來你在這裡啊！」小跳在一片樹葉上找到了艾普蛛阿姨。

「咦，艾普蛛阿姨，你身體底下有好多圓圓的東西哪！」

「小跳，原來是你啊，那些圓圓的東西是我剛產下的卵，我當媽媽了呢！」艾普蛛阿姨接著說：「我正在『護卵』唷！」

「護卵？那是什麼意思啊？」

「我們艾普蛛生下小寶寶以後，一定要等到小寶寶從卵孵化後，我們才能安心走開。」

原來艾普蛛阿姨剛剛產完卵無法出門，一直待在葉子上。

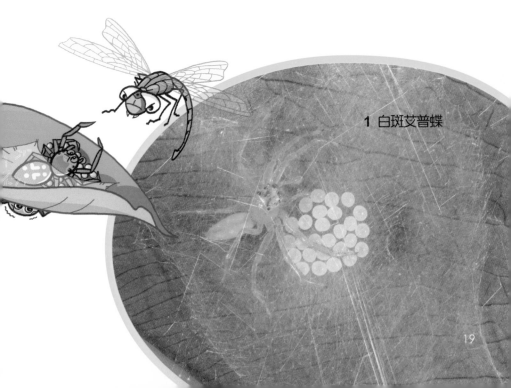

1 白斑艾普蝶

「為什麼要護卵呢？我看很多昆蟲媽媽產完卵就走了。」小跳很好奇艾普蛛阿姨的護卵行為。

艾普蛛阿姨露出慈祥的笑容說:「護卵是為了讓卵不受到螞蟻或是其他天敵的傷

右下那隻高腳蛛媽媽抱著一顆圓圓的餅，那也是卵囉？

沒錯，高腳蛛媽媽會先吐絲做出一個「卵囊」，並將卵產在卵囊中，平常就用大顎咬著卵囊，隨身攜帶著呢。

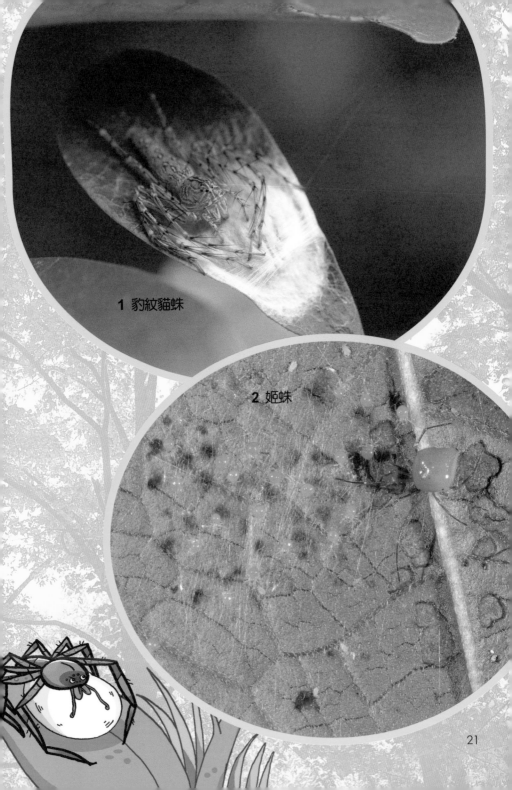

1 豹紋貓蛛

2 姬蛛

21

害。其實不只我們艾普蛛，還有貓蛛、姬蛛、高腳蛛都有護卵的母愛行為呢！」

「艾普蛛阿姨你們真的好偉大喔。」小跳說著，卻想不起自己小時候的事，也想不起媽媽的模樣了。

「艾普蛛阿姨，我是來向你道別的。我決定出發去找鬼面蛛，我要證明我是森林中最厲害的蜘蛛。」

「我們小跳真的長大了呢，去看看外面的世界很好啊。」艾普蛛阿姨依依不捨的叮嚀著：「一路上要小心哪，

千{ㄑㄧㄢ}萬{ㄨㄢˋ}要{ㄧㄠˋ}照{ㄓㄠˋ}顧{ㄍㄨˋ}好{ㄏㄠˇ}自{ㄗˋ}己{ㄐㄧˇ}。」

　　於{ㄩˊ}是{ㄕˋ}，小{ㄒㄧㄠˇ}跳{ㄊㄧㄠˋ}獨{ㄉㄨˊ}自{ㄗˋ}離{ㄌㄧˊ}開{ㄎㄞ}了{ㄌㄜˊ}牠{ㄊㄚ}出{ㄔㄨ}生{ㄕㄥ}的{ㄉㄜˊ}森{ㄙㄣ}林{ㄌㄧㄣˊ}。

牠背著行囊，好奇的望著天空中那隻正在蛻皮的銀腹蛛，牠想：銀腹蛛每蛻皮一次，就長大一些。經過這趟旅程後，我也會長大嗎？

銀腹蛛

3 森林中的大網子

　　小跳邊走邊跳，一路上翻山越嶺，很快的跨越了好幾座山。沿途牠既興奮又緊張，看著身旁一幕幕從沒見過的風景，小跳一點兒也不感覺疲累。

　　陽光悄悄的從森林樹梢鑽進來，為陰沉沉的森林抹上一些耀眼的色彩。部分耀

眼的陽光灑在植物與植物之間的空隙，讓原本看不太清楚的蜘蛛網，彷彿變魔術般的浮現出來。

「好美啊！」小跳被這一張張美麗的蜘蛛網給吸引住了。牠跳啊跳的努力往高處跳去，想要更靠近點看看，

然而，牠沒注意到身旁還有別張網子。

「你別靠過來，我不想吃你。」一個聲音從網子上傳來，腹部邊緣長出尖尖棘刺的古氏棘蛛開口警告小跳。

「你是跳蛛對吧？這裡對你們來說太高了點。」

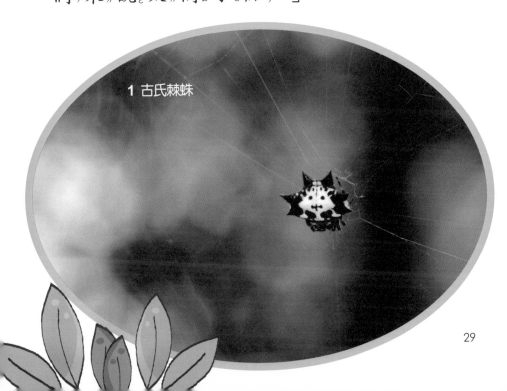

1 古氏棘蛛

29

差點被蜘蛛網黏住，小跳嚇了一大跳，但還是假裝鎮靜的說：「你要吃我？還早呢！我的身手可是靈活得很呢。」

「我是好心提醒你。我剛剛吃了一隻小蝴蝶，飽得很，已經吃不下你了。」古氏棘蛛說著，打了一個飽嗝，然後走回蜘蛛網中央打起瞌睡。

「呼，好險。」小跳暗自鬆了一口氣。牠想，如果真的被網子黏住，就算沒被吃掉，想要脫困也很難吧！

1 梭德氏棘蛛

你ㄋㄧˇ的ㄉㄜ˙鄰ㄌㄧㄣˊ居ㄐㄩ好ㄏㄠˇ漂ㄆㄧㄠˋ亮ㄌㄧㄤˋ啊ㄚ！

小ㄒㄧㄠˇ心ㄒㄧㄣ點ㄉㄧㄢˇ，這ㄓㄜˋ裡ㄌㄧˇ到ㄉㄠˋ處ㄔㄨˋ都ㄉㄡ是ㄕˋ蜘ㄓ蛛ㄓㄨ網ㄨㄤˇ，上ㄕㄤˋ面ㄇㄧㄢˋ那ㄋㄚˋ個ㄍㄜˋ就ㄐㄧㄡˋ是ㄕˋ我ㄨㄛˇ的ㄉㄜ˙好ㄏㄠˇ鄰ㄌㄧㄣˊ居ㄐㄩ梭ㄙㄨㄛ德ㄉㄜˊ氏ㄕˋ棘ㄐㄧˊ蛛ㄓㄨ呢ㄋㄜ˙。

有了這次的經驗，小跳學乖了，牠開始眼觀四面耳聽八方，仔細的觀察四周。沒想到這一看，發現整座森林布滿了各式各樣的蜘蛛網，遠比家鄉的森林更高大，而且這裡的植物種類也更多。

　　「這裡有好多不一樣的植物，難怪吸引這麼多的蝴蝶、蜜蜂和蛾類。會結網的蜘蛛在這裡結網，要捕捉昆蟲太容易了。」小跳讚歎的說。

1 銀腹蛛

不過，小跳對會結網的蜘蛛沒什麼好感，認為牠們只會飯來張口，茶來伸手。還是跳蛛最能幹，會勤奮的跳躍抓蟲。

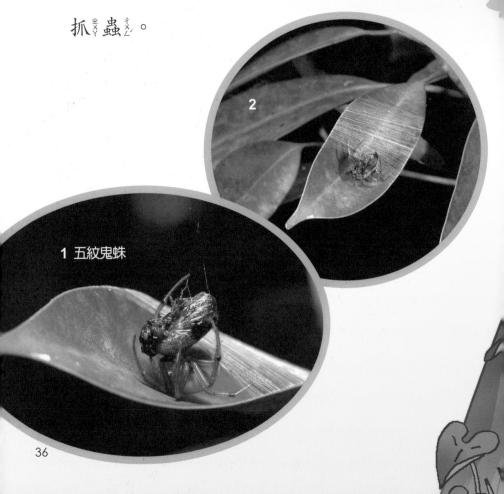

1 五紋鬼蛛

學學五紋鬼蛛吧。網子捕到昆蟲後，將獵物拖回葉片的巢再慢慢吃，安全的很呢！

這片森林的昆蟲好多，食物好多啊！

1 泉字雲斑蛛

2 八木氏瘤蛛

3 長疣馬蛛

告別了古氏棘蛛後，小跳一路上仍不斷抬頭欣賞著這些美麗的蜘蛛網。它們有些是簡單的平面網、有些是結構複雜的立體網，還有雨後的水珠像珍珠般掛在網子上……小跳看得好入迷！

4 小心，蜘蛛殺手！

「蜘蛛愛吃昆蟲，那昆蟲會吃蜘蛛嗎？」小跳看著蜘蛛網上掙扎的昆蟲，一邊想著這個問題。

「嗨！我是小安。」一隻安德遜蠅虎從草叢間跳出，對小跳自我介紹。

1 圓頭貓蛛

2 豹紋貓蛛與異腹胡蜂

小跳又驚又喜，　雖然被小安突如其來的舉動嚇到，但卻很高興路上終於有其他蜘蛛主動和牠聊天。　小跳回應的說：「你好，　我是小跳，我來自南方的那片森林。」

　　「歡迎你小跳，　不過你為什麼大老遠跑來我們森林呢？」

44

「我ㄨㄛˇ想ㄒㄧㄤˇ要ㄧㄠˋ去ㄑㄩˋ更ㄍㄥˋ北ㄅㄟˇ邊ㄅㄧㄢ的ㄉㄜ˙森ㄙㄣ林ㄌㄧㄣˊ，尋ㄒㄩㄣˊ找ㄓㄠˇ鬼ㄍㄨㄟˇ面ㄇㄧㄢˋ蛛ㄓㄨ，你ㄋㄧˇ知ㄓ道ㄉㄠˋ要ㄧㄠˋ怎ㄗㄣˇ麼ㄇㄜ˙去ㄑㄩˋ嗎ㄇㄚ˙？」

　　「鬼ㄍㄨㄟˇ面ㄇㄧㄢˋ蛛ㄓㄨ？」小ㄒㄧㄠˇ安ㄢ歪ㄨㄞ頭ㄊㄡˊ想ㄒㄧㄤˇ著ㄓㄜ˙。突ㄊㄨ然ㄖㄢˊ，一ㄧˊ個ㄍㄜˋ黑ㄏㄟ色ㄙㄜˋ的ㄉㄜ˙影ㄧㄥˇ子ㄗ˙出ㄔㄨ現ㄒㄧㄢˋ在ㄗㄞˋ小ㄒㄧㄠˇ安ㄢ背ㄅㄟˋ後ㄏㄡˋ，但ㄉㄢˋ牠ㄊㄚ一ㄧˋ點ㄉㄧㄢˇ也ㄧㄝˇ沒ㄇㄟˊ有ㄧㄡˇ察ㄔㄚˊ覺ㄐㄩㄝˊ到ㄉㄠˋ。

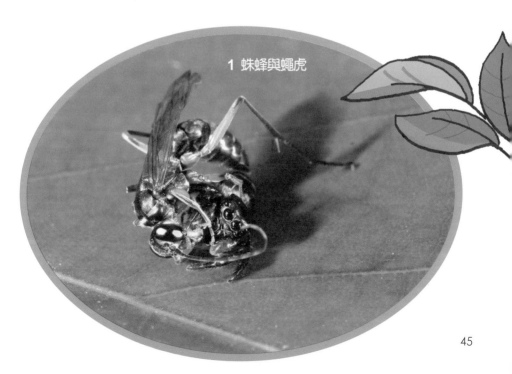

1 蛛蜂與蠅虎

「小安，你背後有一隻奇怪的蜂。」小跳警告小安這個不尋常的事情。

「什麼！那是蛛蜂，是我們蜘蛛的剋星，快逃啊！」小安神情慌張的拉著小跳，用盡全身的力量跳走。不過長了翅膀的蛛蜂身手比小安還快，一個箭步就撲到了小安身上。小跳因為天生跳躍能力比其他蜘蛛好，所以逃過一劫。

「小安！小安！嗚嗚嗚嗚……」小跳逃到一個安全的地方，眼睜睜看著蛛蜂獵捕小安，並很快的伸出腹部的麻醉針精準的刺向小安。被麻醉的小安很快就失去了意識，牠將被蛛蜂帶回巢穴，成為蛛蜂幼蟲的食物。

對於昆蟲會不會吃蜘蛛這個問題，現在結結實實有了答案，只是小跳實在無法

接受這個殘酷的事實。沒想到說時遲那時快，身旁立刻又有一隻碩大的高腳蜘蛛被蛛蜂給制伏了。

　　驚嚇過度的小跳拔腿就跑，跌跌撞撞的想趕快離開這片森林。沒想到才走了幾步，就撞上一個綠綠的大東西。小跳回過頭去，看到一隻貓蛛懸掛在半空中，腹部已經不見了。原來是一隻大螳螂用前腳的大夾子夾住了貓蛛，此刻正在大快朵頤著呢！

連螳螂也會吃我們蜘蛛，好恐怖喔！

5 裝模作樣的蜘蛛朋友

好不容易逃離大螳螂的血盆大口，小跳慌張的找了根短短的枯木倚靠，好讓喘噓噓的身子恢復平靜。剛剛那一幕實在讓牠嚇壞了，完全沒注意到背後的短枯木有什麼怪異的地方。

「喂喂喂，是誰靠在我的身上啊？」那根短枯木居然說起話來。

1 枯枝尖鼻蛛

小跳迅速閃開，心臟彷彿又再一次跳出來，心跳聲怦怦怦的響著。小跳慢慢回過頭，那根短枯木居然站起來，下方還多了八隻腳。

「你是蜘蛛？剛剛真的嚇到我了，為什麼假裝枯木嚇我啊？」小跳用憤怒掩飾自己的膽小。

「我天生就長這樣。」短枯木開口說話了。

「我們『枯枝尖鼻蛛』腹部翹得高高，配合紋路讓腹部像是根斷掉的短枯枝，讓

停在網子中央的枯葉就是枯葉尖鼻蛛，你看，牠動了！

酷！原來像葉柄的是牠的腹部，而頭胸部平常隱藏在腳的後方啊！真是會裝模作樣呢！

枯葉尖鼻蛛

人一眼瞧不出來。」牠驕傲的說：「我們的遠親還有長得像枯葉的『枯葉尖鼻蛛』，各個都是偽裝枯枝落葉的高手呢！」

「對了，還有腹部像鳥大便的鳥糞蛛，差點忘了介紹牠們。」

小跳哈哈大笑說：「因為天敵鳥類不會吃自己的大便啊，哈哈！你們好聰明啊，可不可以教教我這偽裝功夫啊？」

「我有了偽裝能力，就能神不知鬼不覺的靠近鬼面蛛了。」小跳自言自語的說。

枯枝尖鼻蛛笑笑的回答：「別傻了，孩子，爸媽生下我們時，我

們就長了一副枯枝與枯葉的模樣，你是無法靠著學習成為一段枯木的。」

1 鳥糞蛛

2 大鳥糞蛛

「更屬害的要算是蟻蛛了。牠們模仿螞蟻的外形，『擬態』成為一隻螞蟻，常混在螞蟻群中走來走去，螞蟻們不但會讓這隻假螞蟻靠近，有時還會不小心被蟻蛛給吃掉呢！」枯枝尖鼻蛛再次補充:「蟻蛛的外形也是天生的，你想學也學不來。」

一隻蟻蛛正巧經過牠們面前，並把第一對腳舉起來假裝成螞蟻的觸角，連走路方式都很像螞蟻，不仔細看還真以為那是隻百分之百的螞蟻呢。

「我ㄨㄛˇ才ㄘㄞˊ不ㄅㄨˊ要ㄧㄠˋ像ㄒㄧㄤˋ蟻ㄧˇ蛛ㄓㄨ一ㄧ樣ㄧㄤˋ
滑ㄍㄨˇ稽ㄐㄧ呢ㄋㄜ！」小ㄒㄧㄠˇ跳ㄊㄧㄠˋ很ㄏㄣˇ不ㄅㄨˋ認ㄖㄣˋ同ㄊㄨㄥˊ蟻ㄧˇ蛛ㄓㄨ
那ㄋㄚˋ付ㄈㄨˋ騙ㄆㄧㄢˋ人ㄖㄣˊ的ㄉㄜ˙外ㄨㄞˋ表ㄅㄧㄠˇ。

1 黑色蟻蛛

2 黑色蟻蛛

3 大蟻蛛

蟻蛛聽到了，凶巴巴的回過頭去，不客氣的說：「大自然討生活不容易，你以為你很厲害，可是卻有其他動物比你更行。」

　　「聽說你想要去找鬼面蛛，真是不怕死啊！好吧，我告訴你，鬼面蛛就在前方那片最漆黑的森林裡，你去找森林中唯一一棵長不出葉子的老樹，就對了。」說完，蟻蛛繼續舉起前腳走開了。

　　「哼，我才不要像你們一樣膽小，還要假裝枯枝或螞蟻。我要用我跳蛛本來的

60

模樣，讓鬼面蛛知道我的厲害。」小跳說著說著，心跳越跳越快，身體也不自覺的顫抖了起來，慢慢走入那黑漆漆的森林深處。

6 鬼面蛛現身！

　　走著走著，小跳覺得森林中有好多眼睛在看著牠，於是不自覺的加快了腳步，牠心想：「今天的森林似乎特別漆黑呢！」牠不知道那是心中的恐懼感在作祟，連風吹動葉片，都讓小跳以為有動物躲在後面。

　　突然，貓頭鷹叫了好大一聲，小跳嚇得連滾帶爬的逃走，最後來到一棵矮樹叢旁。

　　「哇！」這會兒換小跳叫

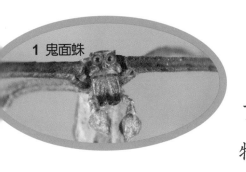

1 鬼面蛛

了好大一聲，牠看到一對紅紅的大眼睛正瞪著牠看。原來，這一整片都是枯掉的森林，顯然牠已經闖入了鬼面蛛的地盤。

眼前這隻還處在「青少年」階段的鬼面蛛，頭胸部前方那對大眼中有著一圈紅色，好像貓頭鷹的眼睛。只不過等牠長大後，眼睛將全部轉為黑色。

63

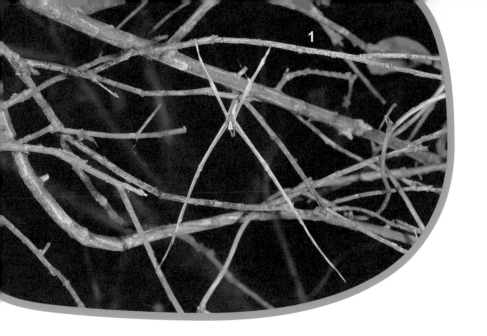

驚魂未定的小跳不知道那就是鬼面蛛。入夜後才是鬼面蛛活動的時間，現在天剛暗下來，森林中的鬼面蛛們才正從睡眠中甦醒。鬼面蛛白天的睡姿像一個「X」形，因兩隻腳會互相併攏，八隻腳看起來就變成四隻腳了。

終於，有一隻成年的鬼面蛛伸了個大懶腰，從白天棲息的枯枝上爬到另一棵粗壯的大樹，大樹是牠獵食小昆蟲的地方。只是牠沒料到這天夜晚，會有一隻自大的跳蛛要來向牠挑戰。

慢慢回過神來的小跳注意到大樹上的動靜，牠鼓起勇氣，小心翼翼的靠過去，這將是牠生平第一次和鬼面蛛面對面。

終於，小跳看到鬼面蛛了，牠用有點顫抖的聲音問道：「你就是鬼面蛛嗎？聽說你是森林中最屬害的蜘蛛，可是，我很好奇，你究竟有什麼本領呢？」

鬼面蛛用那如鬼魅般的黑色眼睛望著小跳，「小朋友，我認識你嗎？」那洪亮的聲音，霎時令小跳冒出一身

冷汗。

「鬼面蛛先生，請容我自我介紹，我叫小跳，是隔壁森林裡的跳蛛。」小跳鼓起勇氣繼續往下說:「我的身手敏捷，再會飛的小昆蟲都逃不過我的掌心。我聽說鬼面蛛有很大的本事，這次來到你的森林，就是想要證明我才是森林中的蜘蛛之王。」

「蜘蛛之王？哈哈，就憑你？那你說說看，要比什麼才能決定誰最厲害？」鬼面蛛問。

「我說小跳啊，我知道你們跳蛛的跳躍功夫都是一流的。可是，我們兩個雖然都是蜘蛛，種類卻完全不一樣啊。」鬼面蛛繼續說道：「你看，我的身體又瘦又長，而且我只會爬不會跳，但是我有蜘蛛中最獨特的結網功夫喔。」鬼面蛛說完，便開始示範如何結網。只見牠從腹部「絲疣線」中吐出細細的蜘

蛛絲，用後腳不斷撥弄著蛛絲，動作如同梳著頭髮。最後，蛛絲形成了一張長方形的網子。

「看好囉。」織好網子的鬼面蛛隨即翻過身子，改用正面，以前腳拿起網子，並向兩旁拉一拉，「嗯，網子彈性剛剛好，這樣就可以捕捉小昆蟲了。」

說完，鬼面蛛將正面朝向大樹樹幹，前腳拿著網子等待著，只要一有昆蟲爬過樹幹，就能向前拋出網子黏住昆蟲。

我是鬼面蛛，人人都稱我是織網高手，我的織網功夫可是世界一等一的唷！

鬼面蛛怎麼結網？

1　鬼面蛛從腹部「絲疣線」吐出細細的蜘蛛絲。

2　後腳像梳頭髮一樣撥弄著蛛絲。

3　反過身拿起長方形的網子。

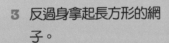

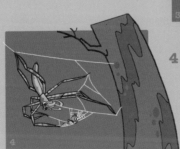

4　鬼面蛛將正面朝向大樹樹幹，前腳拋出網子，昆蟲就落入了網。

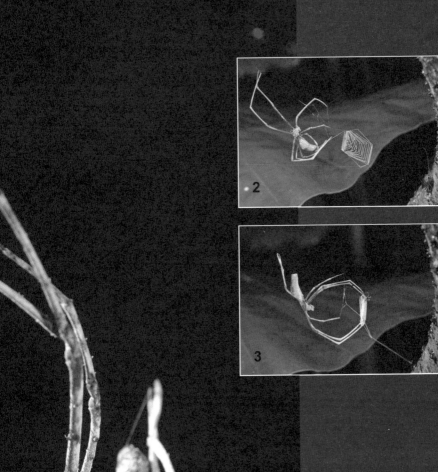

2

3

「好酷喔！」小跳不禁發出讚嘆。可是牠還是不懂，為什麼大家都說鬼面蛛是最屬害的？

鬼面蛛發現了小跳的疑惑，輕聲對小跳說：「親愛的孩子，為什麼一定要分誰比誰更屬害呢？在我看來，沒有真正屬害的蜘蛛。如果你夠認真，你就是隻成功的蜘蛛；如果你不認真，就是隻失敗的蜘蛛。」

「我不懂。」小跳越聽越糊塗了。

「我只知道每天晚上要

認真的織出牢固的網子，不然昆蟲就會輕易的掙脫，那樣我就得餓肚子了。」鬼面蛛說道。

「小跳，你敢獨自來到我的森林，我很佩服你的勇氣。」

「在我看來，你是一隻很有自信的蜘蛛。不過，自信和自大是不一樣的，擁有自信固然很好，但若變成了目中無人的自大，那可就不好了。人外有人天外有天，森林裡永遠都會有比你我更厲害的蜘蛛或動物，這點你千萬要記住啊！」

「只要認真做好每一件事，其他蜘蛛就會尊敬你、

肯定你。」

　　經過鬼面蛛一番點醒，小跳恍然大悟的說：「鬼面蛛先生，您果真是森林中最厲害的蜘蛛，懂得好多好多道理！」

　　小跳接著害羞的搔搔頭說：「我想我以前太過站在自己的角度看世界。沒想到，世界比我想像的還要寬廣，連長相如此凶惡的鬼面蛛先生都這麼謙虛。」

　　「我長相凶惡？」鬼面蛛把眼睛瞪得更大了。突然，

牠撒出手中的網， 嚇了小跳一大跳。 原來， 是一隻不知死活的螞蟻從眼前經過。

你快回家吧，不然等等我又餓了，難保不會把你給吃了唷，哈哈哈哈。

我的肉不好吃啦！

「沒⋯⋯沒有啦！我是說，今後我也要像你一樣，就算擁有一身絕技，也要懂得謙虛，懂得認真度過每一天。」回過神來的小跳，心跳不時的加快著。

這趟冒險旅程就要劃下句點，小跳終於領略到，要當一隻厲害的蜘蛛，還有好多事情等著牠去學習呢！

【後記】 蜘蛛不是人

楊維晟

　　蜘蛛令人又愛又怕，我身邊不少愛好昆蟲的朋友，對多了兩隻腳的蜘蛛態度丕變，害怕或厭惡感直接表現於驚恐的臉上，更別說連昆蟲都害怕的人了。說也奇怪，以蜘蛛為靈感的好萊塢電影「蜘蛛人」，卻賣座到續集拍個沒完，蜘蛛人以矯健身手在摩天大樓高來高去，脫下面具又是個大帥哥，難怪蜘蛛人有做偶像的命。

　　現實生活中，蜘蛛可沒那麼幸運，外貌不只離美麗或帥氣有好大一段差距，電視電影總將「黑寡婦」蜘蛛的毒性渲染過頭（臺灣僅有一種赤背寡婦蛛），或將蜘蛛醜化為恐怖大怪獸，各種誤解使蜘蛛甚少收到關愛眼神；善於結網的蜘蛛若是登堂入室，打掃時

對於牆角礙眼的蜘蛛網，無不除之而後快。眼前的蜘蛛就算只距離我們數公分，心中的隔閡卻比大海還寬。

　　我發現尚未接受過多「錯誤」訊息的孩童，少了醜陋、身懷劇毒、大壞蛋的刻板印象，對蜘蛛喜愛的程度遠遠超過「心智成熟」的大人，蜘蛛其實並不可怕，可怕的是我們誤解了牠。

　　我從事自然生態攝影超過十年，隨處可見的蜘蛛，是野外觀察中每每不期而遇的老朋友，為了介紹我的老朋友，多年來我絞盡腦汁，將一篇篇有趣生動又合乎蜘蛛生態的故事寫成《綠野蛛蹤》一書，希望大家擺脫對蜘蛛的一知半解，並對蜘蛛這類地球古老生物刮目相看，別再讓蜘蛛裡外不是人了！

小蜘蛛大世界

P7

1 白斑艾普蛛的前中眼由黑轉綠色，正在聚焦中。

2 毛垛兜跳蛛獵捕到一隻葉蟬。

3 藍翠蛛有著跳蛛（蠅虎）少有的鮮豔色彩，最大的兩顆「前中眼」，有望遠尋找獵物的功能。

p9

1 這隻橙黃色的蠅虎「觸肢」上長滿淺黃色毛，好像老爺爺的白鬍子。

P10-11

1 蛻皮時的蜘蛛最脆弱，毛垛兜跳蛛就趁銀腹蛛蛻皮時攻擊。

P17

1 細齒方胸蛛的頭胸部為黑色至暗紅色。

2 多彩鈕蛛腹部有著美麗的紋路。

3 三角蟹蛛總是埋伏在花朵間，獵捕訪花的昆蟲們。

p19

1 白斑艾普蛛護卵時還會吐絲，做成簡易的屋頂。

P21

1 豹紋貓蛛喜歡在落葉或枯葉上產卵與護卵。

2 小蜘蛛孵化後，姬蛛媽媽仍不離不棄的保護小蜘蛛。

p24-25

1 銀腹蛛蛻皮。先藉著絲線垂掛空中，頭胸部與腹部先出來。

2 腹部吐出絲線黏住舊皮，慢慢將八隻腳拉出。

3 長長的腳慢慢伸展開來，在半空中完成蛻皮。

P27

1 陽光灑在蜘蛛網上，讓蛛網反射出彩虹般光澤。

P29

1 古氏棘蛛腹部的黑白紋路，好像一張小臉孔。

P31

1 梭德氏棘蛛腹部鮮黃色，四周還有紅色的棘刺。

P33

1 銀腹蛛數量相當多，能控制森林中昆蟲的數量。

P34-35

1 會結網的蜘蛛都能結出有如藝術品般的蜘蛛網。

P36

1 躲在巢中享用獵物對五紋鬼蛛來說比較安全。

2 蛛網捉到獵物後，五紋鬼蛛會將獵物拖回葉片的巢。

p38

1 泉字雲斑蛛的蛛網樣式有點複雜。

2 八木氏痣蛛利用葉片開展的形狀，順勢結出蛛網。

3 草地上結網的長疣馬蛛，蛛網也沾上清晨的露珠。

P40-41

1 清晨露珠凝結在山壁旁的蛛網上，像一顆顆透明水晶。

P43

1 蜘蛛是眾多昆蟲的天敵，這隻圓頭貓蛛獵捕到了一隻蜂。

2 豹紋貓蛛獵捕到比自己還大的異腹胡蜂。

P45

1 蛛蜂用腹部的麻醉針將蠅虎（毛垛兜跳蛛）麻醉後帶回巢
   穴。

P48

1 黃帶蛛蜂專門獵捕體型碩大的高腳蜘蛛。

P50-51

1 大螳螂用鐮刀般的前腳夾起貓蛛，大口吃起來。

P53

1 枯枝尖鼻蛛白天棲息在枯枝上，偽裝效果極佳。

P55

1 枯葉尖鼻蛛倒掛在蛛網中心等待獵物，外形跟枯葉一模一
   樣。

2 枯葉尖鼻蛛移動時，才能看到腳與頭胸部的真正位置。

P57

1 鳥糞蛛三角形的腹部乳白色，有如鳥類排泄物的顏色。

2 大鳥糞蛛三角形的腹部偏紅色。

P59

1 黑色蟻蛛舉起前腳搖晃，似乎在模仿螞蟻的觸角。

2 黑色蟻蛛不只前中眼特大，大顎更是大到誇張。

3 大蟻蛛全身灰黑色，擬態同樣為灰黑色的棘蟻。

P63

1 尚未發育完成的鬼面蛛雄蛛，碩大的「後中眼」有圈紅色。

P64

1 白天棲息在枯枝樹叢間的鬼面蛛，偽裝效果極好。

P66

1 鬼面蛛的成蛛後中眼為黑色，樣貌很像貓頭鷹。

P72-73

1 晚上結網的鬼面蛛，由腹部絲疣吐出絲線造出方形網。

2 反過身子，用前方兩對腳拿起方形網。

3 稍微撐開網子，面對樹幹等待倒楣的昆蟲經過。

P79

1 樹幹一有昆蟲爬過，就拋出網子黏住獵物。

2 捕到獵物後，趕緊吐出絲線牢牢捆住獵物。

蜘蛛小達人

　　小朋友，看完小跳蛛歷險記後，是不是對蜘蛛有更多的認識了呢？其實蜘蛛一點也不像傳說中那麼可怕，而且無論是牠厲害的腳上功夫，或者獨門的吐絲絕招，都是身為人類的我們無法望其項背的呢！接下來，就要考考你對蜘蛛的了解有多少。如果還是有點疑惑，就回到故事裡尋找答案吧！

□ 所有的蜘蛛都會結網，不會結網的就不是蜘蛛。

□ 蜘蛛的身體分成兩個體節，一個是頭胸部，一個是腹部。

□ 蜘蛛和昆蟲一樣，都是六隻腳。

□ 蜘蛛沒有天敵，牠不怕任何昆蟲。

□ 鬼面蛛不會跳躍，牠靠織網獵捕昆蟲。

□ 跳蛛能夠織出很結實的網子捕捉獵物。

□ 艾普蛛會模仿螞蟻的外形，混在螞蟻群中不被發現。

□ 所有的蜘蛛媽媽產完卵後，就會立刻走開。

□ 鳥糞蛛的外形就像鳥類排泄物，讓敵人不敢靠近。

□ 鬼面蛛睡覺的時候，兩隻腳會互相交叉，睡姿看起來就像一個「Ｘ」形。

【延伸活動】 **好忙好忙的蜘蛛**

　　蜘蛛為了生存，每天都忙得不可開交，牠們都在忙些什麼呢？依照蜘蛛絲的路徑，找到每種蜘蛛的特異功能吧！

A._____
編織達人
（織網）

B._____
魔幻易容術
（偽裝）

C._____
偉大的母愛
（護卵）

D._____
超級避敵術
（躲避天敵）

E._____
超強彈簧腿
（跳躍）

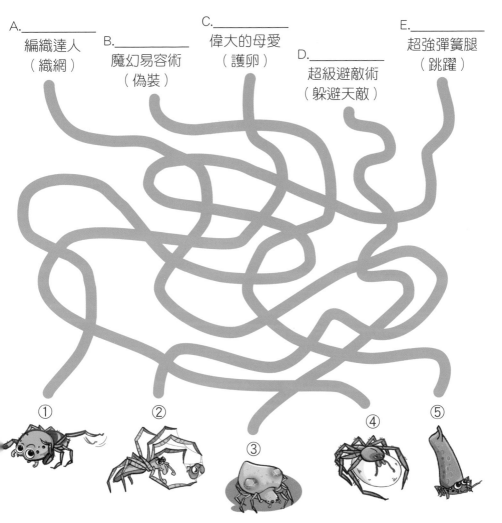

① ② ③ ④ ⑤

A:②跳蛛 B:⑤枯葉大疣蛛 C:③扇貝蛛 D:④泥咖蛛 E:①羅盤蛛

知識讀本館

蟲小看世界 1

綠野蛛蹤

作者‧攝影｜楊維晟
繪者｜黃麗珍
責任編輯｜黃雅妮、劉握瑜（特約）
美術設計｜林晴子、李潔（特約）
行銷企劃｜劉盈萱

天下雜誌群創辦人｜殷允芃
董事長｜何琦瑜
兒童產品事業群
副總經理｜林彥傑
總監｜林欣靜
版權專員｜何晨瑋、黃微真

出版者｜親子天下股份有限公司
地址｜台北市 104 建國北路一段 96 號 4 樓
電話｜（02）2509-2800　傳真｜（02）2509-2462
網址｜www.parenting.com.tw
讀者服務專線｜（02）2662-0332　週一～週五：09:00~17:30
傳真｜（02）2662-6048　客服信箱｜bill@cw.com.tw
法律顧問｜台英國際商務法律事務所‧羅明通律師
製版印刷｜中原造像股份有限公司
總經銷｜大和圖書有限公司　電話：（02）8990-2588

出版日期｜2013年5月第一版第一次印行
　　　　　2022年2月第二版第一次印行
定價｜280元
書號｜BKKKC191P
ISBN｜9786263051485（平裝）

訂購服務 ─────
親子天下 Shopping｜shopping.parenting.com.tw
海外‧大量訂購｜parenting@service.cw.com.tw
書香花園｜台北市建國北路二段6巷11號　電話（02）2506-1635
劃撥帳號｜50331356　親子天下股份有限公司

國家圖書館出版品預行編目資料

綠野蛛蹤 / 楊維晟文；黃麗珍圖. -- 第二
版. -- 臺北市：親子天下股份有限公司，
2022.02；96面；14.8x21公分.注音版

ISBN 978-626-305-148-5（平裝）

1.蜘蛛網 2.通俗作品

387.53　　　　　　　110021011

立即購買 >